《我当建筑工人》丛书

# 漫话我当抹灰工

本社 编

中国建筑工业出版社

**图书在版编目（CIP）数据**

漫话我当抹灰工／中国建筑工业出版社编．—北京：中国建筑工业出版社，2010.7
《我当建筑工人》丛书
ISBN 978-7-112-12337-7

Ⅰ．①漫… Ⅱ．①中… Ⅲ．①抹灰—图解 Ⅳ．①TU754.2-64

中国版本图书馆CIP数据核字（2010）第152822号

《我当建筑工人》丛书

## 漫话我当抹灰工

本社 编

\*

中国建筑工业出版社出版、发行（北京西郊百万庄）
各地新华书店、建筑书店经销
北京风采怡然图文设计制作中心制版
北京建筑工业印刷厂印刷

\*

开本：787×1092毫米 1/32 印张：3⅜ 字数：88千字
2010年10月第一版 2010年10月第一次印刷
定价：10.00元
ISBN 978-7-112-12337-7
（19605）

**版权所有 翻印必究**
如有印装质量问题，可寄本社退换

（邮政编码 100037）

# 内 容 提 要

漫话《我当建筑工人》丛书，是专门为培训农民工编写绘制，是一套用漫画的形式解说建筑施工技术的基础知识和技能的图书；是一套以图为主、图文并茂的建筑施工技术图解式图书；是一套农民工学习建筑施工技术的入门图书，是一套通俗易懂，简明易学的口袋式图书。

农民工通过阅读丛书，努力学习并勤于实践，既可以由表及里，培养学习建筑施工技术的兴趣；又可以由浅入深，深入学习建筑技术和知识，熟练掌握相应工种的基本技能，成为一名合格的建筑技术工人。

《漫话我当抹灰工》介绍了抹灰工的基础知识和基本技法，农民工通过学习本书，了解抹灰工的安全须知，学会抹灰工的入门技术，掌握抹灰工的基本技能，为当好抹灰工奠定扎实的基础。

本书读者对象主要为初中文化水平的农民工，也可以供建筑技术的培训机构作为培训初级抹灰工的入门教材。

**责任编辑：曲汝铎**
**责任设计：李志立**
**责任校对：张艳侠　刘　钰**

# 编 者 的 话

经过几年策划、编写和绘制，终于将《我当建筑工人》这套小丛书奉献给读者。

一、编写的意义和目的

为贯彻党中央、国务院在《关于做好农业和农村工作的意见》中"各地和有关部门要加强对农民工的职业技能培训，提高农民工的素质和就业能力"明确要求；为配合住宅与城乡建设部的建设职业技能培训和鉴定的中心工作；为搞好建筑工人，尤其是农民工的培训，将千百万农民工培养成为合格的建筑工人。为此，我们在广泛调查研究的基础上，结合农民工的文化程度和工作生活的实际情况，征询了广大农民建筑工人的意见，了解到采用漫画图书的形式，讲解建筑初级工的知识和技法，比较适合农民工学习和阅读。故此，我们专门组织相关的人员编写和绘制这套漫画类的培训图书。

编写好本丛书目的，是使文化基础知识较少的农民工，通过自学和培训，学会建筑初级工的基本知识，掌握建筑初级工的基本技能，具备建筑初级工的基本素质。

提高以农民工为主体的建筑工人的职业素质，不仅是保证建筑产品质量、生产安全和行业发展问题，而且是一项具有全局性、战略性的工作。

二、编写的依据和内容

根据住房与城乡建设部《建设职工岗位培训初级工大纲》要求，本丛书以图为主，如同连环画一样，将大纲要求的内容，通过生动的图形表现出来。每个工种按初级工应知应会的要求，阐述了责任和义务，强调了安全注意事项，讲解了工种所必须掌握的基础知识和技能技法。让农民工人一看就懂、一看就明、一看就会，容易理解，易于掌握。

考虑到农民工的工作和生活条件，本丛书力求编成一套口袋式图书，既有趣味性和知识性，又有实用性和针对性；既要图文并茂、画面生动，又要动作准确、操作规范。农民工随身携带，在工作期间、休息之余，能插空阅读，边看边学，学会就用。

第一次编写完成的图书有《漫话我当抹灰工》、《漫话我当油漆工》、《漫话我当建筑木工》、《漫话我当混凝土工》、《漫话我当砌筑工》、《漫话我当架子工》、《漫话我当建筑电工》、《漫话我当钢筋工》和《漫话我当水暖工》。其他工种将根据农民工的需要另行编写。

三、编写的原则和方法

首先，从实际出发，要符合大多数农民工的实际情况。第五次全国人口普查资料显示，农村劳动力的平均受教育年限为7.33年，相当于初中一年级的文化程度。因此，我们把读者对象的文化要求定位为初中文化水平。

其次，突出重点，把握大纲的要求和精髓。抓住重点，做到画龙点睛、提纲挈领，使读者在最短的时间内，以不高的文化水准，就能理解初级工的技术要求。

第三，尽量采用简明通俗的语言，解释建筑施工的专业词汇，尽量避免使用晦涩难懂的技术术语。

最后，投入相当多的人力、物力和财力编写和绘制，对初级工的要求和应知应会，通过不多的文字和百余幅图，尽可能简明、清晰地表述。

1. 在大量调研的基础上，了解农民工的文化水平，了解农民工的学习要求，了解农民工的经济能力和阅读习惯，然后聘请将理论和实践相结合的专家，聘请与农民工朝夕相处、息息相关的技术人员编写图书的文字脚本。

2. 聘请职业技术能手，根据脚本来完成实际操作，将分解动作拍摄成照片，作为绘画参考。

3. 图画的制作人员依据文字和照片，完成图画，再请脚本撰写者和职业技术能手审稿，反复修改，最终完成定稿。

四、编写的方法和尺度

目前,职业技术培训存在着教学内容、考核大纲、测试考题与现实生产情况不完全适应的问题,而职业技术培训的教材多是学校老师所编写。由于客观条件和主观意识所限,这些教材大多类同于普通的中等教育教材,文字太多,图画太少。对农民工这一读者群体针对性不强,使平均只有初中一年级文化程度的农民工很难看懂,不适合他们学习使用。因此,我们在编写此书时,注意了如下要点:

1. 本丛书表述的内容,注重基础知识和技法,而并非最新技术和最新工艺。本丛书培训的对象是入门级的初级工,讲解传统工艺和基本做法,让他们掌握基础知识和技法,达到入门的要求,再逐步学习新技术和新工艺。

2. 本丛书编写中注意与实际结合,例如,现代建筑木工的工作,主要是支护模板,而非传统的木工操作,但考虑到全国各地区的技术和生产差异较大,使农民工既能了解模板支护方面的知识和技能,又能掌握传统木工的知识和做法。故此,本丛书保留了木工的基础知识和技法。另如,《漫话我当架子工》中,考虑到全国各地的经济不平衡性和地区使用材料的差异,仍然保留了竹木脚手架的搭设技法和知识。

3. 由于经济发展和技术发展的进度不同,发达地区和欠发达地区在技术、材料和机具的使用方面有很大的差异,考虑到经济的基础条件,考虑到基础知识的讲解,本丛书仍保留技术性能比较简单的机具和工具,而并非全是新技术和新机具。

五、最后的话

用漫画的形式表现建筑施工技术的内容是一种尝试,用漫画来具体表现操作技法,难度较大。一般说,建筑技术人员没有经过长期和专业的美术培训,难于用漫画准确地表现技术内容和操作动作;而美术人员对建筑技术生疏,尽管依据文字和图片画出的图稿,也很难准确地表达技术操作的要点。所以,要将美术表现和建筑技术有机地结合起来,圆满、准确地表达技术内容,难度更大。为此,建筑技术人员与绘画人员经过反复磨合和磋商，力图将图中操作人员的手指、劳动的姿态、运动的方向和力的表现尺度，尽量用图画准确表现，为此他们付出了辛勤的劳动。

尽管如此，由于本丛书是一种新的尝试，缺少经验可以借鉴。同时，限于作者的水平和条件，本书所表现的技术内容和操作技法还不很完善，也可能存在一些的瑕疵，故恳请读者，特别是农民工朋友给予批评和指正，以便在本丛书再版时，予以补充和修正。

本丛书在编写过程中得到山东省新建集团公司、河北省第四建筑工程公司、河北省第二建筑工程公司，以及诸多专家、技术人员和农民工朋友的支持和帮助，在此，一并表示衷心的感谢。

# 《我当建筑工人》丛书编写人员名单

主　　编：曲汝铎
编写人员：史曰景　　王英顺　　高任清　　耿贺明
　　　　　周　滨　　张永芳　　王彦彬　　侯永忠
　　　　　史大林　　陆晓英　　闻凤敏　　吕剑波

漫画创作：风采怡然漫画工作室
艺术总监：王　峰
漫画绘制：田　宇
版式制作：王文静

# 目 录

一、基本概述 ………………………………… 1
二、安全生产和文明施工 …………………… 3
三、抹灰工常用工具 ………………………… 18
四、常用小型机具的构造及用途 …………… 29
五、抹灰材料 ………………………………… 31
六、抹灰的操作 ……………………………… 39

# 一、基本概述

### 1.什么是抹灰工程

抹灰工程是建筑装饰、装修阶段中最重要的部分,工程量最大,分为内、外抹灰。外抹灰可以保护主体墙不进水,不进雪,不进风,也使墙面起到保温和平整美观的作用;内抹灰可以使墙面平整光亮,好看、好用,同时也使墙面起到隔声作用。

### 2.什么是抹灰工

抹灰工是建筑工人中的重要一员,一般建筑工程中有四分之一的活是抹灰工完成的。因为,抹灰都是手工操作,不易机械化,工作很辛苦;但是,抹灰技术要求又很高,是地道的手艺活,需求量大。

**3. 怎样当好抹灰工**

(1)当好抹灰工需要有良好职业道德和责任心,工作认真负责,勤学苦练;

(2)掌握相应的安全知识和自我保护意识;

(3)掌握各种材料和不同类型抹灰的技能和操作方法;

(4)掌握抹灰机械的使用方法并正确操作。

# 二、安全生产和文明施工

**1.安全施工的基本要求**

(1)进入施工现场禁止穿背心、短裤、拖鞋,要穿胶底鞋或绝缘鞋,必须戴好安全帽。

(2)现场施工前,必须检查安全防护措施是否齐备,必须达到安全生产的需要。

(3)高空作业不准向上或向下乱抛工具、材料等物品；在架子和高梯上的工具、材料等物品，应防止落下伤人；地面堆放管材，要防止滚动伤人。

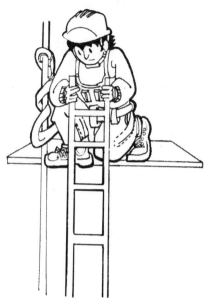

(4)交叉作业时，要特别注意安全。

(5)施工现场应按规定地点动火作业，备置消防器材并设专人看管火源。

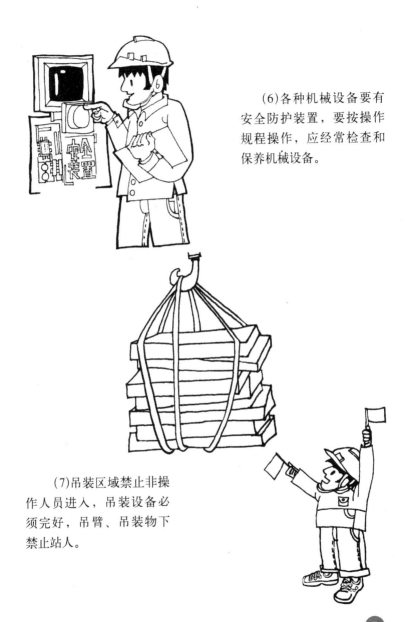

(6)各种机械设备要有安全防护装置,要按操作规程操作,应经常检查和保养机械设备。

(7)吊装区域禁止非操作人员进入,吊装设备必须完好,吊臂、吊装物下禁止站人。

(8)夜间在暗沟、槽、井内施工作业,要有足够的照明设施和通气孔,行灯照明要有防护罩,应用36V以下安全电源,金属容器内照明电压应为12V。

## 2.生产工人的安全责任
(1)认真学习,严格执行安全技术操作规程,自觉遵守安全生产各项规章制度。

(2)积极参加安全教育,认真执行安全交底,服从安全管理人员的指导,不违章作业。

(3)发扬团结互助精神,互相监督,互相提醒,安全操作;对新工人传授安全生产知识,维护好安全设备防护用具并正确使用。

(4)发生伤亡和未遂事故,都要保护好现场,并立刻上报。

### 3.安全事故的易发点

(1)雷电和雨期施工现场易发生淹溺、坍塌、坠落、雷电触电等事故;酷热天气,露天作业易发生中暑;室内和金属容器内作业易发生昏晕及休克。

(2)工程竣工收尾阶段易发生事故,高空作业易发生坠落,深坑作业易发生坍塌,夜间施工,后半夜比前半夜易发生事故。

(3)节假日、探亲假前后,思想波动大,易发生事故,小工程、修补工程易发生事故。

(4)新工人安全技术意识淡薄,好奇心强,往往忽视安全生产,易发生事故。

### 4.文明施工

(1)施工现场要保持清洁,材料堆放整齐有序,无积水,及时清运建筑和生活垃圾。

(2)施工现场严禁随地大小便,施工区、生活区划分明确,及时清理零散材料和垃圾。

(3)生活区内无积水,宿舍内外整洁、干净、通风良好,不许乱扔乱倒杂物和垃圾。

(4)施工现场厕所要有专人负责清扫,要有灭蚊、灭蝇、灭蛆措施,粪便池必须加盖。

(5)严格遵守各项管理制度,爱护公物,杜绝野蛮施工。

(6)夜间施工严格控制噪声,严禁扰民。挖管沟作业时,尽量不影响交通。

### 5.抹灰工的安全须知
(1)高空抹灰作业要系好安全带,戴好安全帽,把安全绳挂在上方的脚手架上。

(2)在脚手架上作业,操作人员应均衡站立,材料、工具严禁集中堆放。

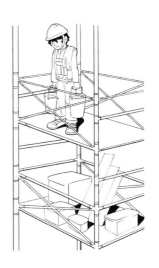

(3)零星抹灰、修补、收尾工程,不许用暖气管、上下水管道作为搭设脚手架的支撑点,以免发生事故。

(4)机喷抹灰或砂浆中掺加化学剂,应按规定数量,操作时要穿戴好劳动保护用品。

(5)抹灰施工临时用电、机具用电,要用安全电压,应由专职电工接线、检查和维修。

(6)使用搅拌机械的安全操作：

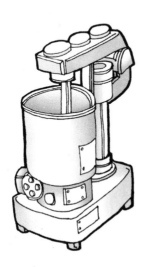

1)必须经培训合格后,方可操作使用。

2)检查搅拌机叶片是否松动,电气设备绝缘接地是否良好。

3)搅拌时,严禁用手或木棒拨刮搅拌筒口上和内里的砂浆。

4)搅拌机运转不正常,要停机检查、维修。

5)停机下班后,要切断电源,锁好电源开关箱。

# 三、抹灰工常用工具

**1. 手工抹灰工具**

(1)铁抹子:用于抹底子灰、抹水刷石、水磨石等面层。钢皮抹子,外形同铁抹子,只是较薄,弹性较大,用于抹水泥砂浆面层和地面压光等。

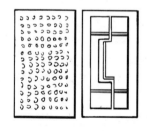

(2)塑料抹子:用于纸筋灰面层的压光。

(3)木抹子:用于砂浆底挫平。

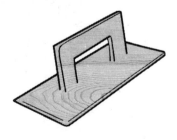

(4)压板：用于压光水泥砂浆面层及纸筋灰等罩面。

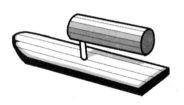

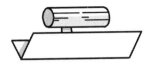

(5)阴角抹子：用于阴角压光，分为尖角和小圆角两种。

(6)圆阴角抹子：用于水池阴角和明沟底压光。

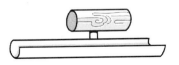

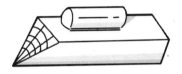

(7)塑料阴角抹子：用于纸筋灰等罩面层底阴角压光。

(8)阳角抹子：用于压光阳角和做护角线，分为尖角和小圆角两种。

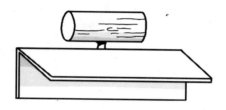

(9)圆阳角抹子：用于楼梯踏步防滑条底捋光压实。

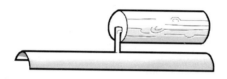

(10)捋角器：用于捋水泥抱角，做护角。

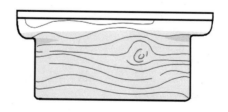

## 2.木制工具

(1)托灰板:用于抹灰时承托砂浆用。

(2)八字靠尺板:用于抹灰时做棱角的依据。

(3)方尺:用于测量阴阳角方正。

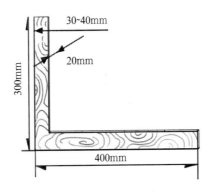

(4)木杠与刮尺：木杠分长、中、短三种，长木杠长度为2500～3500mm，多用于冲筋；中木杠长度为2000～2500mm；短木杠长度为1500mm，用于刮平地面和墙面的抹灰层。木杠断面为矩形，刮尺断面一面为平面，另一面为弧形。

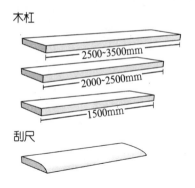

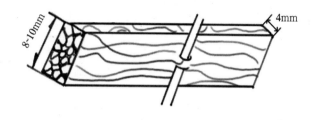

### 3.常用的搅拌工具
(1)铁锹：用于拌灰，铲灰。

(2)灰镐：用于扒灰、拌灰。

(3)灰耙：用于扒灰、拌灰。

(4)灰叉子：用于铲灰。

(5)筛子：用于筛砂子等。

**4.斩假石工具**
(1)花锤：用于剁斩假石。

(2)斩斧：用于剁斩假石和清理混凝土基层。

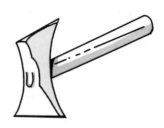

(3)多刃斧、单刀斧:多刃斧由多个单刃组成,用于斩假石。

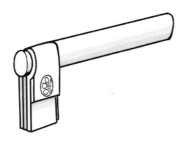

### 5.其他工具
(1)小铁铲:用于饰面砖铺满刀灰。

(2)錾子:用于剔凿板材和块材。

(3)开刀:用于陶瓷锦砖拨缝。

(4)猪棕刷:用于水刷石和水泥拉毛灰。

(5)钢丝刷:用于清刷基层面。

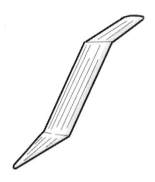

(6)铁皮：用于小面积和铁抹子伸不进去的地方的抹灰和清理。

(7)滚筒：用于混凝土地面、水磨石地面的压实。

(8)分格器：用于抹灰层的分块。

(9)笤帚：用于基层拉毛或清理。

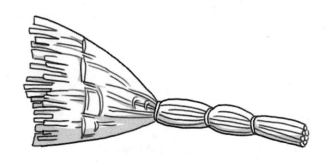

(10)溜子：用于抹灰分格勾缝。

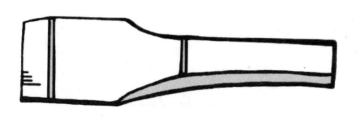

# 四、常用小型机具的构造及用途

## 1.简易砂浆搅拌机

每个班可以生产18~26立方米砂浆，使用前应检查机件是否正常，尤其要注意安全操作。

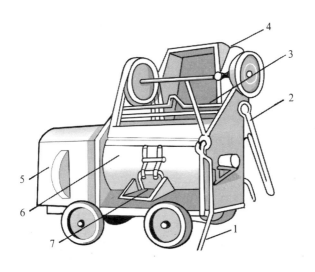

1—水管；2—上料手柄；3—出料口；4—上料斗；5—变速箱；
6—搅拌斗；7—出灰口

## 2.纸筋灰搅拌机

纸筋灰搅拌机不仅能搅拌纸筋灰,还可以搅拌玻璃丝灰,每个班次可以搅拌6立方米纸筋灰。

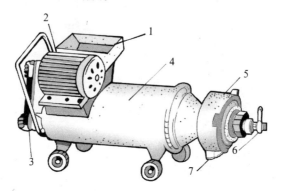

1—进料口;2—电机;3—皮带;4—搅拌筒;5—小钢磨;6—调节螺栓;7—出料口

## 3.地面压光机

地面压光机是用于水泥地面或水磨石地面磨光的机具。

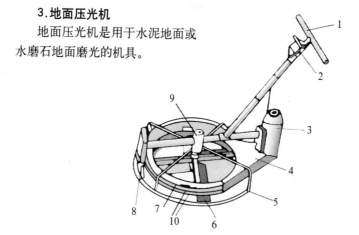

1—手柄;2—开关;3—电动机;4—防护罩;5—保护圈;6—抹刀;7—抹刀转子;8—配重;9—轴承架;10—皮带

# 五、抹灰材料

## 1.水泥的强度等级和特性

水泥是现在最重要的建筑材料,最常用的是硅酸盐类水泥,也就是我们抹灰用的水泥。按其强度等级分为32.5、42.5、52.5、62.5,也就是过去所说的425、525、625级水泥等级。数字越大,强度越大,凝结的时间越快。

水泥凝结时间分为初凝和终凝,初凝是加水的水泥形成浆体,终凝是指水泥产生强度的时间。

**2.水泥的保管和储运**

抹灰工要了解水泥的特性和适用范围,合理选用。
(1)水泥是吸湿性很强的粉状材料,要特别注意防水、防潮。
(2)水泥的储存期不能超过3个月,过期吸湿会失效。
(3)水泥要分门别类地储存,不得混杂和错用。

**3.石灰**

工地上配置砂浆用的石灰膏是由生石灰加水熟化一段时间制得。

熟化的过程为淋灰，就是石灰使用前用水熟化，不得少于15天。熟化的石灰会产生硬化，硬化后的石灰浆体会产生收缩，必须掺入骨料、纤维料，防止硬化后收缩干裂。

**4.石膏**

(1)石膏的种类分为二水生石膏、熟石膏和硬石膏。

(2)石膏有良好的隔热性能，还具有抗火性和较强的吸湿性。

(3)石膏多采用袋装，运输和储运要防潮，分别储存不得混杂。

### 5.砂子和石渣

砂子做骨料有山砂、河砂和海砂，分为粗砂、中砂、细砂和特细砂（平均粒径分别大于0.5、0.35~0.5、0.25~0.35、0.25mm）。

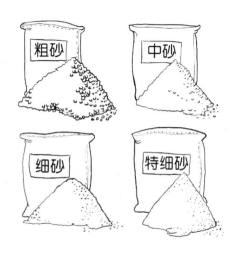

抹灰中常用中砂，使用前要过筛，不得含有杂物。

石渣做骨料常用于装饰抹灰。不同颜色的石渣用做水磨石、水刷石、干粘石、斩假石及其他饰面抹灰骨料。

### 6.纸筋

纸筋，又叫粗草纸。在淋灰时，将纸撕碎，除去尘土，泡在水桶中用清水渗透，使用时，用3mm孔径的筛子过筛后使用。

### 7.胶料

聚酯酸乙烯乳液是一种乳白色水溶性胶粘剂，适量掺入水泥砂浆，增加面层和基层的粘接性能。

**8. 大理石**

　　大理石纹理清晰，花纹丰富多彩，抗压强度高，硬度却不高，易加工。主要加工成饰面板和各种花饰雕刻，多用于地面和墙面的装饰。运输中应防湿，严禁滚摔碰撞。

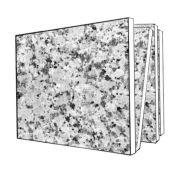

**9. 花岗石**

　　花岗石结构致密，不易风化变质，硬度高，耐久性好，强度高，外观华贵；分为剁斧板材、机刨板材、粗磨板材和磨光板材，多用于外墙饰面和室内、室外地面装饰。

### 10.陶瓷锦砖

陶瓷锦砖俗称马赛克,是以优质瓷土烧制而成得小块瓷砖,具有耐磨、不吸水、易清洗、防滑等特点,在纸上拼接后的成品称"联"。

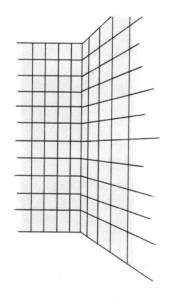

釉面砖

### 11.缸砖和釉面砖

(1)全瓷地砖,也称地砖,因强度高,耐磨性能好,用于铺地面、阳台、露台、走廊等。

(2)缸砖不上釉,也是地砖的一种,因强度高,耐磨性能好,大多用于防腐蚀地面、屋面、广场等场所的铺设。

(3)釉面砖,就是普通瓷砖,用于内墙饰面,特别是在潮湿的地方使用。

## 12.外墙陶瓷面砖

外墙陶瓷面砖分为有釉和无釉两种,具有坚固耐用、色彩鲜艳、易清洗、防火防水、耐磨和耐腐蚀等特点,用于建筑外墙的装饰。

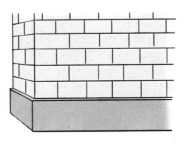

外墙陶瓷面砖

## 13.一般抹灰砂浆

水泥砂浆是由水泥和砂子按规定的比例配合;水泥混合砂浆是由水泥、石灰膏和砂子按规定的比例配合;石灰砂浆由石灰和砂子按规定的比例混合而成;石膏灰是由石灰加少量石膏混合而成,用于高级抹灰,如顶棚抹灰;纸筋(麻刀)灰是在石灰膏中加入定量纸筋(麻刀)混合而成,提高抗裂性;聚合物水泥砂浆是在水泥砂浆中掺入15%左右的108胶,提高砂浆的粘接性。

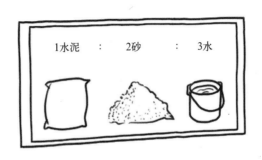

**14.装饰抹灰砂浆**

装饰抹灰砂浆是以水泥、白水泥、石灰、石膏等为胶凝材料,以白色、浅色和彩色的天然砂、大理石及花岗石的石屑,或特殊塑料色粒为骨料,可制成水刷石、干粘石、斩假石及假面砖等。

**15.特种砂浆**

特种砂浆有保温砂浆和防水砂浆,保温砂浆是以水泥和石膏等为胶结材料,用膨胀珍珠岩等骨料加水按比例配合调制而成,具有保温隔热和吸声性能。防水砂浆是在水泥砂浆中掺入防水剂配制而成,用于屋面、地下室、水池、水塔等工程。

# 六、抹灰的操作

## 1.抹灰工程

抹灰是将石灰砂浆、水泥砂浆等材料，抹在基层墙面上的传统施工方法，分为一般抹灰和高级抹灰。为了粘接牢固、避免裂缝，一般要分为三层抹灰。

## 2.抹灰的分层作用与要求

抹灰层一般分为底层、中层和面层，各层之间必须粘接牢固，无脱层、空鼓。

(1)底层要使灰层和基层粘接牢固，避免分离和剥落。

(2)中层是为了找平，如果材料相同，底层灰抹的不太厚，底层和中层也可同时进行。

(3)面层是装饰，要求平整，没有裂缝和爆灰，颜色要均匀。

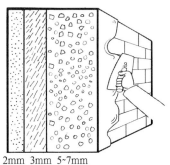

2mm 3mm 5~7mm

### 3.抹灰层的厚度

(1)分层厚度(见下图注明)

基层:水泥砂浆5~7mm;面层:麻刀灰不大于3mm,石膏灰不大于2mm。

(2)总厚度

顶棚、内墙和外墙的抹灰厚度不同,厚度超过35mm时,要采取加固措施,以免墙灰脱落。

1)顶棚:现浇混凝土15mm,预制混凝土10mm。

2)内墙:20mm。

3)外墙:砖墙面20mm,石材面35mm,突出墙面部分25mm。

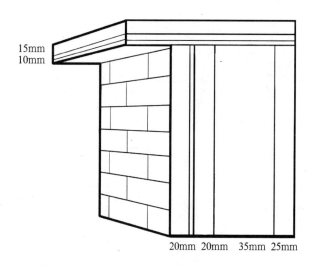

**4.室内墙面抹灰的材料准备**

(1)水泥可选用普通水泥(硅酸盐),强度等级大于32.5。

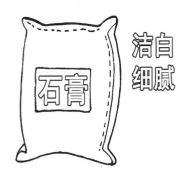

(2)石灰膏要选用细腻洁白的,不含未熟化的颗粒(石灰膏沉伏期要大于15天;用于面层时沉伏期要大于30天;石灰粉要用水浸泡3天以上)。

(3)砂子可选用中砂,要过筛,不含有杂物和泥。

### 5.室内墙面抹灰的准备

(1)准备好相应的工具和材料。

(2)将基层墙面上,凹凸不平比较明显处剔除或填平,缝隙用细水泥砂浆填塞密实,表面上的尘土、污垢清除干净。

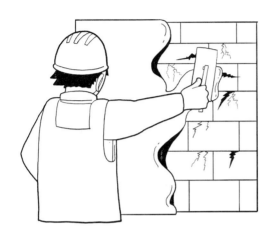

(3)太光滑的墙面要凿毛或喷刷聚合物水泥砂浆,增加粘结度。

(4)墙面要提前浇水,保证良好的湿润度。

### 6.找规矩抹灰饼

抹灰要使墙面垂直平整,就要先找规矩。抹灰饼就是在墙面贴上饼子大小的水泥砂浆块,以饼子为标准找平。

(1)用托线板检查墙面上的垂直度和平整情况,确定抹灰的平均厚度。

(2)弹出准线,用角尺在房间角处规方,在地面上弹出十字线。在阴角一侧100mm处用托线板靠吊垂直,在墙角处弹出抹灰准线。

1)在准线上下两端钉上铁钉,挂上白线作为抹灰饼的标准。

(a) 做灰饼

(b) 两人挂线

2）在距顶棚和地面200mm处贴上50mm见方的灰饼，每隔1.3m左右做一块。

### 7.墙面冲筋

冲筋就是在两灰饼之间抹出一条100mm宽的长灰梗,要比灰饼凸出5~10mm,用刮尺紧贴灰饼左上右下反复搓刮,直至灰条与灰饼齐平为止。

### 8.抹踢角板(墙裙)

踢角板抹灰应在墙面抹灰之前或之后进行。

(1)从室内地坪500mm处找平线,向下确定踢角板高度尺寸,弹出水平线。

(2)用素水泥浆薄薄抹一遍,高出水平线30～50mm,用1:2水泥砂浆抹底灰,用木抹子搓成麻面。

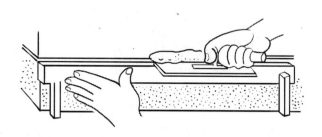

(3)用1:2.5水泥砂浆罩面,厚度为5～7mm,用八字尺靠在线上,即踢脚板上口,用钢抹子切齐,压光平整后,用阳角抹子将上口线捋光。

### 9. 抹护角线

(1)在门、窗口两侧或阳角部位距地面2m高内,用1:1.5水泥砂浆分别在角两侧,根据抹灰厚度上下打点。

(2)根据打点厚度抹成图(a)或图(b)的护角形式。两侧各抹50mm宽护角线。护角线可抹成直角形[图(a)],但这种做法容易在与墙面抹灰连接处出现裂缝,或接槎不平,还可以抹成燕尾形[图(b)]。

(3)用靠尺找垂直,用方尺找方,而后用阳角抹子压光。

(4)门口可以抹成整体高度及小面整体宽度。

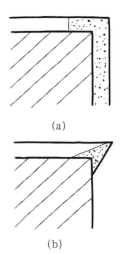

护脚线示意图

### 10.抹底灰

(1)底灰抹灰要薄,使砂浆嵌入墙的缝隙中,每遍抹灰厚度控制在7～9mm内。抹灰后,用木抹子搓实。

(2)中层抹灰应在底层抹灰七八成干后进行,以垫平或略高于冲筋为准。

抹底灰示意图

(3)用木杠子在两个标筋间刮平,再用木抹子搓平一遍。

木杠刮平示意图

### 11.阴、阳角抹灰

用木阳角器压住抹灰层上下搓动,使之达到直角,阴角线上下垂直。阳角处,将底层灰抹上后,用木阳角器压住抹灰层上下搓动,使之基本成为直角,再用阳角抹子上下抹压,使阳角垂直。

阳角抹灰示意图

阳角抹灰示意图

**12.抹麻刀类罩面灰**

(1)麻刀类石膏罩面灰是传统方式,是将麻刀纤维材料、纸筋等掺入石膏膏,起到不易开裂、粘结牢固和耐久的作用。

(2)罩面灰两人分两面抹,一人第一遍竖抹薄薄一层,1mm厚;另一人横向抹二遍,压光溜平,并用毛刷刷一遍,钢抹子压实抹平。

### 13.抹石膏灰罩面层

石膏灰凝结速度快。因此,操作以四人为一组,一人抹浆,三人抹灰。一般从左至右,抹子竖向顺着抹,压光时顺直。第一人薄薄抹一遍,第二人抹第二遍,赶平灰浆;第三人压光,先压两遍,再用钢抹子赶光压平;厚度不大于2mm,要同时进行,不出现接槎。

## 14.抹水砂罩面

水砂石灰罩面光滑耐潮,是高级内墙面。

操作时,底子灰要洒水湿润,两人一组,一人用木抹子竖向薄抹一遍,再横抹第二遍,将砂浆赶平。第二人紧随用钢抹子竖向压光两遍,面层七八成干时,用刷子洒水,同时用钢抹子竖向压,使表面密实光滑,总厚度为2~3mm。

## 15.混凝土顶棚抹灰的基层处理

(1)先将凸出的混凝土剔平,并将顶棚凿毛,并用钢刷满刷一遍,浇水湿润。

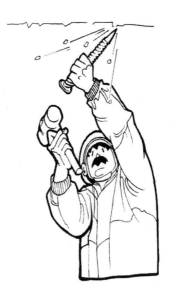

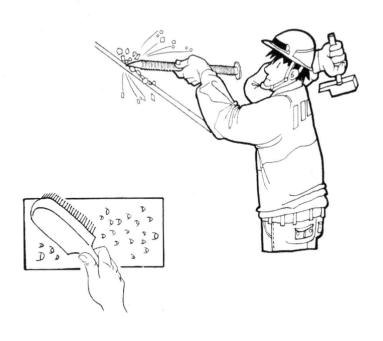

(2)用笤帚将砂浆均匀甩到顶上,粘到顶棚上,经养护达到用手掰不动即可。

### 16.顶棚抹灰的找规矩

从屋内500mm的水平线找出距顶棚约100mm处,用粉线包弹出四面墙上水平线,也就是顶棚抹灰层面层标高线。因顶棚抹灰不做灰饼、标筋,平整度由目测和水平线找齐,标高线的准确度非常重要。

### 17.顶棚抹底子灰和罩面灰

(1)润湿顶板后,刷水泥浆一道,随后抹水泥砂浆,厚度2~3mm,抹灰用力压,用木抹子搓平、搓毛。二次抹灰方向与一次相垂直,采用混合水泥砂浆,厚度6mm左右,搓平。

(2)中层灰用手按不软而有手印时,即抹罩面灰,可分两遍。第一遍越薄越好,随即抹二遍,抹子要平,稍干后,压实、压光成活。

**18.室内地面水泥砂浆抹灰**

此做法是传统的整体地面面层的典型做法,造价低,耐久使用,施工简单。

(1)基层要坚固、耐压,表面粗糙、洁净和潮湿,不能积水,表面油污要去除,光滑面凿毛,提前一天洒水湿润地面。

(2)弹线、找标高

依据墙面上500mm的水平线,在墙壁四周弹上地面水平线,水泥砂浆厚度不小于20mm。

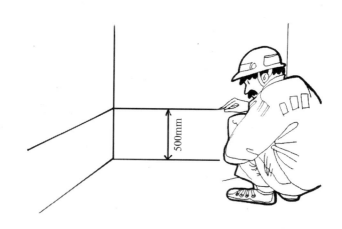

抹灰前做标筋示意图

(3)找灰饼和标筋

在墙边上每隔1.8m左右抹灰饼，大小为9mm左右见方，再以灰饼高度标筋，与抹墙灰方法相同。

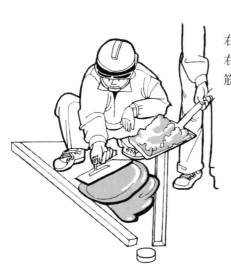

(4)刷结合层

在铺设水泥砂浆前,用水泥素浆涂刷地面,随即开始铺灰,起到粘结作用。

(5)铺砂浆面层

砂浆在标筋间均匀铺摊,用木杠按标筋高度刮平,从里向外,刮到门口。

(6)搓平、压光

刮平后,用木抹子搓平,用铁抹子压一遍,退着操作。第二遍压光,应在踩上去有脚印,但不沉陷时,边抹压,边填平凹坑,达到表面压平、压光。

(7)养护

养护要及时、适时,过早浇水易起皮,晚了影响强度。一般夏季24小时后,春秋季48小时后,养护时间要经过7天以上,才能上人。

### 19. 楼梯踏步水泥砂浆抹灰

(1) 弹线分步

在楼梯侧面墙上和栏板上只弹一道踏级分步标准线，每个踏级级高和踏级尺寸大小一样，踏级阳角在标准线上的距离相等。

(a) 分步标准线

(b) 踏步高和宽度线

分步标准线示意图

（c）踏步板和踢脚板

(2)抹底子灰

湿润基层表面后，刷素水泥砂浆，即抹底子灰，先抹立面，再抹平面，逐级向下。

(3)抹罩面层

底子灰抹好的次日,抹罩面灰。可连续抹几个台阶,再返上去靠八字尺挫平后,用铁抹子压光。角部位用阴阳角抹子捋光,养护24小时。

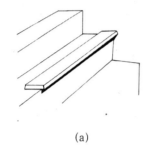

(a)

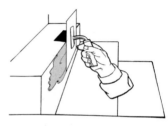

(b)

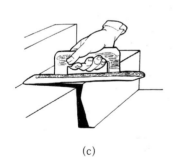

(c)

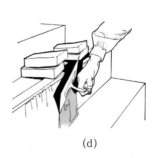

(d)

(a)八字靠尺找平; (b)立面抹灰; (c)平面抹灰; (d)临时固定靠尺用砖

**踏步抹灰示意图**

(4)抹勾脚

一般勾角也称挑口,凸出地面15mm左右,踏步板要与勾脚一次成活。阳角要压实捋光。

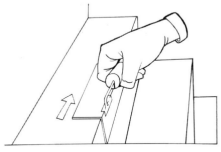

**20.抹楼梯防滑条**

(1)防滑条设在楼梯40~50mm处,用素水泥粘上7mm的梯形木制分隔条。梯形小口朝下,便于起条。抹灰时与分格条抹平,罩面压光后起条。

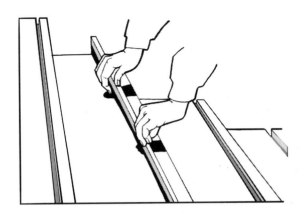

(2)用刻槽尺,把防滑条位置面层灰挖掉,成为分隔条,槽内填抹1:1.5水泥金刚砂砂浆,高出3～4mm,用圆阳角压实抒光。

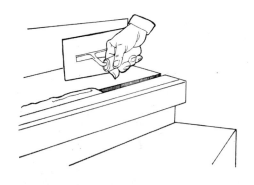

刻槽尺做法示意图

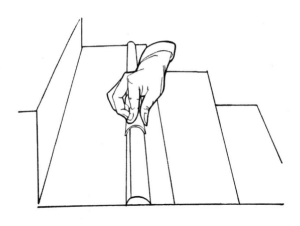

踏步防滑条示意图

**21. 外墙抹灰找规矩**

在外墙的四个大角先挂好垂直通线,再用缺口木板来做上下两边灰饼,规方后,沿竖线两侧做一些灰饼,再挂横线做中间灰饼,竖向每步架一个,横向灰饼1.3m左右间距为宜。

## 22.外墙抹灰冲筋、抹阳角灰

(1)做好灰饼后,可先抹出若干条标筋,再填水泥砂浆。多人做业,可专人冲筋,其他人装档。冲筋宽以100mm为宜,其数量以每档下班前做完为好,不做隔夜筋。

(2)抹底子灰时,遇到阳角大角,在另一面反贴八字尺,尺棱出墙面与灰饼齐平,挂垂直线,依垂直尺抹平并搓实。

## 23.外墙抹灰粘分格条

面积较大的墙面,均设分格线,粘分格条。

(1)用线坠吊线和水平仪,在中层抹灰后,弹出横向和竖向分格线。

(2)分格条用前在水中浸泡,便于粘结也易于取出(也可用成品铝合金条或塑料条)。

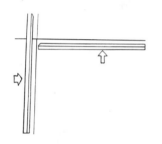

(3)为易于观察,操作方便,水平分格条粘贴在水平线下口,垂分格条粘贴在垂直线左侧。粘贴后,用直尺校正平整。

(4)抹灰时,在分格条两侧抹灰。

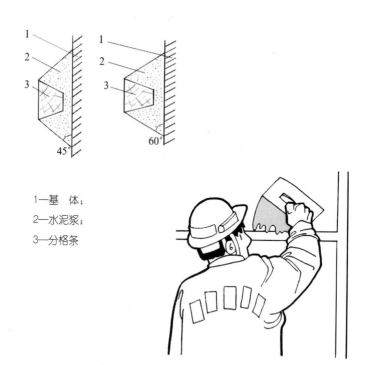

1—基　体;
2—水泥浆;
3—分格条

分格条示意图

## 24.外墙抹水泥混合砂浆

砖墙和加气混凝土板墙使用水泥混合砂浆。

(1)中层砂浆抹完、刮平、收水后,用木抹子打磨,以圆圈形打磨,用力均匀,使表面平整密实,然后顺向打磨。

(2)用配合比1∶1∶5混合砂浆抹面层,分两遍抹成。在砂浆抹灰与分格条平齐后,用木杠刮平,木抹子搓毛,铁抹子压光。无明水后,刷子蘸水垂直轻刷一遍,使颜色一致。

### 25. 外墙抹水泥砂浆

混凝土墙或砖砌外墙在北方施工，常采用水泥砂浆。

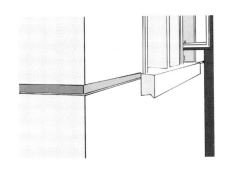

1∶3的水泥砂浆抹底层，压实入缝，木杠刮平，搓实，用扫帚在底层扫毛浇水养护。面层抹灰应在中层灰凝结后，按分格条厚度刮平、搓实。

### 26. 外墙抹灰起分格条和养护

分格条的起出要由条子的端头开始，用抹子轻轻敲动，条子自动弹出。个别条子出不来，可在条子一端钉1个小钉，轻轻拉出。"隔夜条"不宜当时起出，当罩面达到强度后再取出，分格线处用水泥砂浆勾缝。如用成品分格条时，分格条不再起出。

罩面层做完24小时后，浇水养护7天以上。

## 27. 外墙勒脚抹灰

(1)根据墙面水平线,弹出高度尺寸水平线,定出勒脚高度,凡阳角处需要规方。

(2)将墙面刮刷干净,湿润,将八字尺粘嵌在水平线上口,靠尺板表面正好是勒脚灰面。

(3)根据墙面长度,均匀布置分格条,分格条施工与外墙抹灰起分格条和养护相同。

(4)底、中层抹灰后,搓平、扫毛、养护,待凝结后用1∶2水泥砂浆抹面层灰,抹二遍,阳角捋光上口,表面压光交活。

### 28.外窗台抹灰形式

外窗台抹灰,一般是混水窗台,即用砖平砌,用水泥砂浆的抹灰形式。外窗台做出坡度,利于排水,往往用丁砖平砌一皮的砌法,平砌砖低于下槛一皮砖。

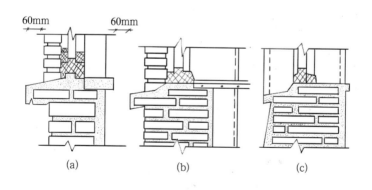

外窗台抹灰示意图

### 29.外窗台抹灰的技术要点

窗台抹灰的技术难度大,面多、角多。

(1)抹灰前注意与其他窗台的平整度、高度一致,并注意窗口的进出一致。

1—流水坡度;2—滴水槽;
3—滴水线

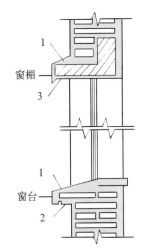

(2)用八字靠尺先立面,后平面,再底面和侧面,每层抹灰都要棱角清晰。

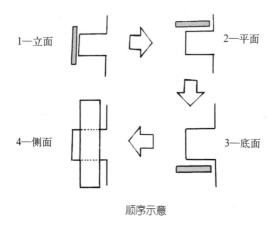

顺序示意

(3)在底面距边口20mm处粘分格条,深度宽度均不小于10mm,灰抹完取掉即可。

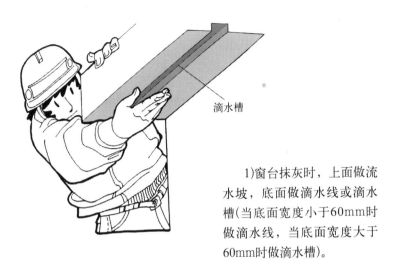

滴水槽

1)窗台抹灰时,上面做流水坡,底面做滴水线或滴水槽(当底面宽度小于60mm时做滴水线,当底面宽度大于60mm时做滴水槽)。

2)抹滴水线时,先在底面粘贴八字尺,尺板出墙尺寸同侧面抹灰厚度。

3)抹侧面灰。

4)待侧面灰抹好后,轻轻起下尺板,而后抹底面灰。

5)滴水槽的做法同外墙分隔条的做法,滴水槽宽10mm,深10mm。

### 30.门窗套口抹灰

门窗套口一是用砖挑砌线型,二是用水泥砂浆分层抹出套口,突出墙面5~10mm。

(1)拉通线,门窗套口挑出一致。

(2)套口上脸,窗台底部做好滴水,上面抹泛水坡。

(3)套口先抹两侧立膀，再抹上脸，后抹窗台。

(4)用靠尺抹好两个侧面，正卡八字尺，将套口正立面抹光。

### 31.檐口抹灰

檐口抹水泥砂浆：

(1)施工时，拉通线决定抹灰厚度，剔凿凸出处，填补凹陷处。

(2)基层处理干净，浇水湿润。

(3)抹灰方法类似外窗台抹灰。

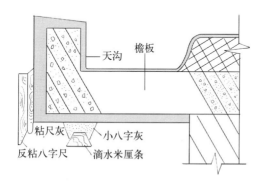

檐口粘靠尺、粘米厘条示意图

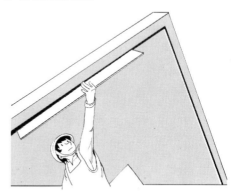

檐口上平面粘尺示意图

### 32.腰线抹灰

外墙上水平方向砌筑突出墙面的线型，即腰线，有单层、双层和多层。

抹灰方法类同檐口，成活要求平整、棱角清晰、挺括。正立面打灰，反粘八字尺抹成下面，上推靠尺，抹好顶面。上下两面用钢筋卡卡牢八字尺，拉线校正，立面抹灰压光一遍交活。

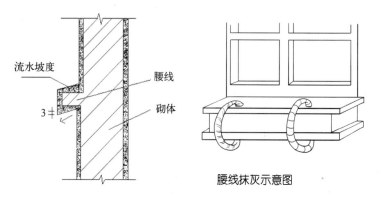

腰线抹灰示意图

### 33.雨篷抹灰

墙面上有若干雨篷，要拉通做灰饼，使在一条直线上，雨篷本身应找方，找规矩。抹雨篷要标筋，然后铺灰、刮平、搓实压光。雨篷上面靠墙处，抹200～500mm的勒脚，防止雨水渗入墙体，抹灰的方法与顶棚一样。

雨篷抹灰要做滴水槽，滴水槽在距墙面30～50mm处断开。

### 34.方柱的抹灰

柱抹灰是用水泥砂浆等材料，基体的处理类同砖墙和混凝土墙。

方柱找规矩时，应按设计核对柱子的位置尺寸，在地面上弹出垂直两个方向的中心线，在柱边地面上弹出抹灰后的外形线，每个阳角必须是90°角，边长相同的正方形或者矩形。施工时上下两人配合，一人在上挑线坠，尺头顶在柱面上，下面一人把线坠稳住，检查偏差的多少，剔除凸出处，用灰填补凹陷处，在柱子的四角距地坪上和顶棚下各150～200mm处，做出四个灰饼，做法与顶棚抹灰一样。施工中，随时检查柱面上下垂直、柱面的平整度、阳角要方正，柱子上踢脚线高度要一致。

独立柱找规矩示意图

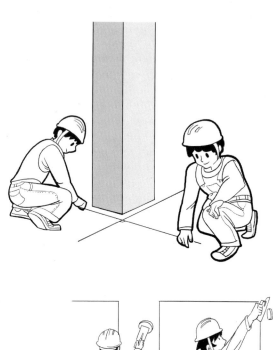

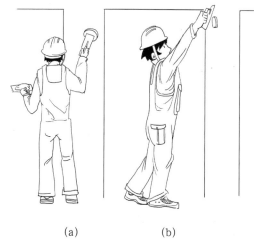

(a) (b)

(a)做正面标志块；(b)做两侧面标志块

**多根柱找规矩示意图**

## 35.阳台抹灰的注意要点

阳台有阳台地面、底面、挑梁、牛腿、扶手、栏板和栏杆等。

(1)阳台抹灰要求上下成垂直线,左右成水平线,进出一致、细部划一和颜色一致。

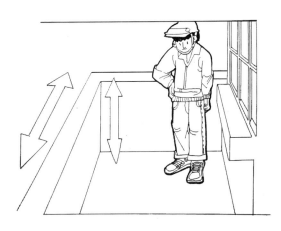

(2)阳台地面抹灰注意排水方向要向排水孔,不能倒流。
(3)阳台底面抹灰与顶棚抹灰一样,注意处理好基层。

### 36.砖踏步的抹灰

砖踏步的抹灰与楼梯踏步抹灰大致一样,注意放线时要使踏步面向下坡1%,台阶平台也要向外坡1%~1.5%,利于排水。

砖砌台阶:一般踏步顶层砖侧砌,上面和侧面的砂浆灰缝留出10mm的缝隙,便于抹灰砂浆粘结牢固。

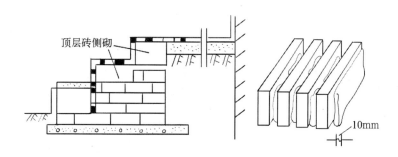

### 37.礓磋坡道抹灰

这种坡道一般坡度小于1:4,也就是说长度4m坡的高度是1m,施工时,斜面坡上做标筋,用7mm厚、40~70mm宽的四面刨光的靠尺板放在斜面的最高处,按每步宽度铺抹水泥砂浆面层,高端和靠尺上口平,低端与标筋面层平,形成斜面。水泥砂浆用木抹子搓平,撒1:1干水泥砂,待吸水后刮掉,再用钢皮抹子压光,起下靠尺,自上而下施工。

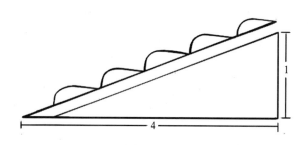

**38.内墙面釉面砖的粘贴**

(1)像其他墙面抹灰那样处理好基层。

(2)像抹墙面灰那样找规矩、贴灰饼、冲筋。

(3)抹底层灰

1)混凝土墙面要先用掺入10%胶粘剂的水泥浆刷薄薄一道,后用1:3的水泥砂浆分层抹底层灰,每层5~7mm,然后抹平压实,并扫毛或划毛;

2)加气混凝土墙要先用掺入20%胶粘剂的水溶液一道,紧跟着用1:0.5:4的水泥混合砂浆分层抹底灰,厚度在7mm左右,刮平、压实、扫毛;

3)砖墙要先用水湿润,用1:3的水泥砂浆分层抹底层灰12mm左右,刮平、压实、扫毛。底层灰抹完后,待初凝后浇水养护。

(4)排砖是在底层灰有六七成干时开始,同一方向应粘贴尺寸一致的瓷砖,排砖要按粘贴顺序排列,一般由阴角自下而上进行,尽量将不成块的砖排在阴角或次要的角落,如遇到水池、镜框和窗户等,则以它们为中心,在两边分贴。

(5)弹线和贴标准点

1)在底灰上每隔1m弹一条竖线,横线则每隔5~6块砖弹一水平线,来控制标准;

2)用砂浆粘贴碎块瓷砖,翘起棱角做表面平整的标准点,其上拉直线,在直线上拉上活动的水平线,上下用靠尺找直平。

(6)粘贴瓷砖：将在水中浸泡一小时以上的瓷砖，擦净阴干，将一平整木条作为垫尺，垫好后挂线；在瓷砖背后满刮6～8mm厚的砂浆，紧贴垫尺上皮粘贴在墙上，使灰挤满挤牢，用靠尺横向靠平；在阳角和门口及长墙每隔2m应先竖向贴一排砖，作为墙面垂直、平整和砖层的标准，按此向两侧挂线粘贴。

两面挂直示意图

(7)擦缝：瓷砖粘贴符合质量要求后，清洗一遍，用长刷子蘸粥状白水泥涂缝，用麻布将缝擦均匀，并将墙面洗刷干净。

### 39.外墙面粘贴的基层处理

为了外墙瓷砖粘贴牢固，基层处理应符合如下规定：

(1)基层墙体必须密实牢固，能够粘贴住面砖，也就是抗拉强度要大于饰面砖的粘强强度，否则，面砖会脱落；

(2)加气混凝土、轻质砌块和轻质墙板等基体，没有可靠的粘结措施，不宜粘贴面砖；

加气混凝土

(3)混凝土基体表面应采用聚合物水泥砂浆或其他界面处理剂做结合层;

(4)黏土砖墙要去尘去污和油渍,并洒水湿润后进行。

### 40.外墙面面砖粘贴要点(一)

(1)处理好基层;

(2)挂线、贴灰饼、冲筋见前面大面积墙面的抹灰方法,但是要注意找好突出的檐口、腰线、窗台和雨篷等饰面的流水坡度及滴水线槽;

(3)抹找平层,见前面大面积墙面的抹灰,但要注意总厚度不应大于20mm;

(4)选砖和排砖,面砖要精心挑选规格一致,无凹凸扭曲,颜色要均匀完整,无缺棱少角。

### 41.外墙面面砖粘贴要点(二)

(1)弹线分格,方法可采取在外墙阳角用钢丝拉垂线,根据阳角拉线,根据大样图先弹出分层的水平线,后弹出分格的垂直线;

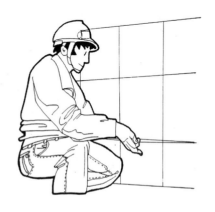

(2)粘贴面砖：饰面砖浸泡后，表面有潮湿感，手按无水迹为宜，粘贴顺序是自上而下，先贴附墙柱面，再贴大墙面，最后贴侧窗间墙；

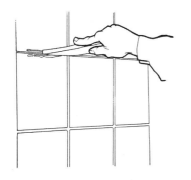

(3)勾缝清理，勾缝应连续、平直、光滑、无裂缝和无空鼓；勾缝硬化后，将表面及时清理干净。